Stephan Ester

Theorie und Praxis von Straßenbenutzungsgebühren am Beispiel der Londoner Congestion Charge

GRIN Verlag

Bibliografische Information der Deutschen Nationalbibliothek:

Die Deutsche Bibliothek verzeichnet diese Publikation in der Deutschen Nationalbibliografie; detaillierte bibliografische Daten sind im Internet über http://dnb.d-nb.de/ abrufbar.

Impressum:

Druck und Bindung: Books on Demand GmbH, Norderstedt Germany
ISBN: 978-3-640-25455-2

Dieses Buch bei GRIN:

http://www.grin.com/de/e-book/120996/theorie-und-praxis-von-strassenbenutzungs-gebuehren-am-beispiel-der-londoner

Universität Mannheim
Lehrstuhl für Wirtschaftsgeographie

Vorlesung „Stadtökonomie“

WS 04/05

Theorie und Praxis von Straßenbenutzungsgebühren am Beispiel der Londoner Congestion Charge

von

Stephan Ester

Diplom-Anglistik

Inhaltsverzeichnis

1. Einleitung

Die wachsende Verkehrsbelastung in Großstädten ist ein nicht zu unterschätzendes Problem. Hohe Verkehrsdichte, ständige Staus, Lärmentwicklung und starke Luftverschmutzung stellen nicht nur eine erhebliche Beeinträchtigung der Lebensqualität dar, sondern führen auch zu einem beträchtlichen Effizienzverlust für die Wirtschaft einer Stadt. Sie verschwenden Energie und Millionen Arbeitsstunden und machen die City für Kunden und Firmen unattraktiver. Von daher ist es für betroffene Städte unverzichtbar, ihren Straßenverkehr zu reduzieren oder zumindest effektiver zu steuern. Eine von vielen Ökonomen favorisierte Methode ist dabei die Erhebung von Straßenbenutzungsgebühren. In London, dessen Innenstadt unter besonders hoher Verkehrsbelastung zu leiden hatte, wurde mit der Congestion Charge im Februar 2003 erstmals in Europa eine solche Gebühr eingeführt.[1]

Ziel dieser Arbeit ist, die empirische Stichhaltigkeit und praktische Anwendbarkeit der theoretischen Grundlagen von Straßenbenutzungsgebühren am Beispiel Londons zu überprüfen, um die Möglichkeiten und etwaige Grenzen dieser Form der Verkehrspolitik aufzuzeigen. Hierzu werde ich in Kapitel 2 zunächst die Ausgangslage vor Einführung der Gebühr darstellen und kurz auf die historischen und ökonomischen Ursachen der Londoner Verkehrsproblematik eingehen. In Kapitel 3 werden ich die theoretischen Grundlagen von Straßenbenutzungsgebühren darstellen und erläutern. Dabei werde ich in 3.1. die ökonomischen Zusammenhänge erläutern, um in 3.2. die in der Theorie zu erwartenden Effekte zu beschreiben und die mögliche Funktionsweise eines Gebührensystems darzustellen. Kapitel 4 behandelt die Londoner Congestion Charge. In 4.1. werde ich zunächst auf die Funktionsweise des Londoner Systems eingehen, während 4.2. der Beschreibung der bisherigen Auswirkungen dient. In Kapitel 5 werde ich schließlich die Ergebnisse der Londoner Praxis den theoretischen Annahmen aus Kapitel 3 gegenüberstellen. Hierbei wird von Interesse sein, inwieweit die getroffenen Maßnahmen den Empfehlungen der Wissenschaft entsprechen und ob die empirischen Ergebnisse die theoretischen Vorhersagen tatsächlich untermauern. Außerdem werde ich

[1] In einigen norwegischen Städten wurden schon in den Achtzigern Straßengebühren eingeführt, die allerdings hauptsächlich dazu gedacht sind, zusätzliche Investitionsmittel für aufwendige Straßenbauprojekte zu erwirtschaften (Ertel 2005, S. 85).

auf die mögliche Anwendbarkeit von Straßenbenutzungsgebühren über London hinaus eingehen.

2. Die Londoner Verkehrsproblematik

Central und Inner London leiden in einem wesentlich höheren Maße unter Staus und verstopften Straßen als der Großraum London insgesamt, besonders während des morgendlichen und abendlichen Berufsverkehrs (Mayor of London 2004, S. 4). Diese extreme Verkehrsbelastung wurde vor allem in den Neunzigern von der Londoner Öffentlichkeit als das drängenste Problem der Stadt angesehen und war das beherrschende Thema in den Londoner Lokalmedien. Von daher verwundert es nicht, dass die im Mai 2000 wieder eingerichtete Londoner Stadtverwaltung (Greater London Authority (GLA)) die Bewältigung der Verkehrsproblematik als ihr vorrangiges Aufgabengebiet definierte (Nissen 2002, S. 84).

Die Entstehung dieses Problems reicht allerdings weiter zurück. Durch den Strukturwandel vom Verarbeitenden Gewerbe zur Dienstleistungsökonomie und die daraus resultierende zunehmende räumliche Trennung von Wohn- und Arbeitsplatz kam es zu verstärktem Pendelverkehr zwischen der Innenstadt und den umliegenden Bezirken. So stieg der Pkw-Bestand in London von 1981 bis 1995 um 20% sowie bis 2003 um weitere 15%, während die durchschnittliche Geschwindigkeit im morgendlichen City-Berufsverkehr von 12,2 mph (1980) auf 9,9 mph (2000) sank (Tfl 2005b, S. 41). Neben dem Pkw-Verkehr trug jedoch auch der ÖPNV zur desolaten Verkehrssituation bei. Viele Schienen, Tunnel und Züge waren in einem schlechten Zustand, die Stationen renovierungsbedürftig, Pünktlichkeit und Zuverlässigkeit der U-Bahnen verschlechterten sich zusehends. Auch Busse boten keine lohnenswerte Alternative zum Auto, da sie dieselben Straßen benutzten müssen wie die Autos, wodurch sie gleichzeitig Opfer und Mitverursacher der Staus waren (Nissen 2002, S.85ff.).

Die Ursachen des Verkehrsproblems liegen jedoch auch in einer mangelhaften Verkehrsplanung und Verwaltung. Eine zielgerichtete und umfassende Verkehrsplanung war im London der 80er und 90er praktisch nicht existent: „Der ökonomische Strukturwandel wurde nicht durch eine angemessene Verkehrsplanung begleitet. Vielmehr breiteten sich die einzelnen Verkehrsmedien im Endeffekt unabhängig von einander und im wesentlichen unkontrolliert über die Stadt aus." (Nissen 2002, S. 84) Dies führte im Endergebnis dazu, dass sich die verschiedenen Verkehrmittel wie Autos, Busse, U-

Bahnen usw. nicht ergänzten, sondern ohne Beziehung zueinander am Rande ihrer Leistungsfähigkeit agierten.

Bedingt durch das Fehlen einer zentralen Londoner Stadtverwaltung von 1986 bis 2000 herrschte zudem große Unübersichtlichkeit bezüglich der Kompetenzen. Je nach Aufgabenbereich konnte das britische Verkehrsministerium, die Verkehrsgesellschaft London Transport oder eine ihrer zahlreichen Tochterunternehmen, die Londoner Bezirke oder gemeinsame Gremien, der Traffic Director for London, die Londoner Polizei oder andere Kommissionen und Privatunternehmen zuständig sein. Zusammenfassend lässt sich feststellen, dass es bis 2000 in London keine einheitliche stadtübergreifende Planungsinstanz gab, sondern eine Vielzahl von Institutionen, die neben- oder sogar gegeneinander agierten „und die bei Beobachtern zu dem Urteil führen: 'It's a terrible mess'." (Nissen 2002, S. 93). Unter diesen Umständen war es unmöglich, die verkehrspolitische Situation in London zu steuern, und den täglichen Verkehrskollaps in der Londoner City effektiv zu bekämpfen.

3. Theoretische Grundlagen

Angesichts des seit Jahrzehnten stetig wachsenden Straßenverkehrs in den Industrieländern haben Ökonomen schon früh Modelle entwickelt, in denen die Effizienz des Verkehrs durch Benutzungsgebühren erhöht wurde. Die einer solchen Gebühr zugrunde liegenden ökonomischen Prinzipien sind inzwischen allgemein anerkannt (Glaister & Graham 2004, S. 31). Im Folgenden sollen die Modelle O'Sullivans und Glaisters und Grahams als theoretische Grundlage einer Straßenbenutzungsgebühr dienen, von der aus eine Bewertung der Londoner Congestion Charge unternommen werden kann.

3.1. Das Prinzip von Straßenbenutzungsgebühren

Sowohl O'Sullivan (2003) als auch Glaister und Graham (2004) gehen in ihrem Modell davon aus, dass jedes Individuum seine Entscheidung mit dem Auto zu fahren in Abhängigkeit seiner gesamten Fahrtkosten (Treibstoffkosten, Kfz-Steuern, Opportunitätskosten der Fahrzeit usw.) trifft. Darüber hinaus erzeugt jeder Verkehrsteilnehmer zusätzliche soziale Kosten, indem er beispielsweise den Verkehr verlangsamt, zur Luftverschmutzung und Lärmentwicklung beiträgt, das Unfallrisiko erhöht und den Straßenbelag abnutzt. Abbildung 1 illustriert, wie eine Gebühr in diesem Modell die Gesamtwohlfahrt steigern kann. Autofahrer werden die Straße so lange benutzen, wie ihr Grenznutzen größer ist als ihre privaten Grenzkosten. In einem Gleichgewicht ohne Gebühren entspricht die Nachfrage x_0 daher genau den privaten Grenzkosten (Punkt A). Bei ihrer Entscheidung ignorieren die Fahrer allerdings die von ihnen verursachten externen Effekte. Die sozialen Grenzkosten liegen daher überhalb des Grenznutzens (Punkt D); das Gleichgewicht ist damit gesamtwirtschaftlich gesehen ineffizient.

Ein gesamtwirtschaftlich effizientes Gleichgewicht ist dagegen gegeben, wenn der soziale Grenznutzen den sozialen Grenzkosten entspricht (Punkt C). Dieser Punkt kann durch eine Gebühr erreicht werden, die der Differenz von sozialen und privaten Grenzkosten bei entsprechendem Verkehrsvolumen entspricht, in der Abbildung die Differenz von C und B. Die sozialen Grenzkosten werden somit in die privaten Grenzkosten integriert und die optimale Anzahl an Fahrzeugen generiert.

Im neuen Gleichgewicht ist das Verkehrsvolumen von x_0 auf x_1 gesunken, und damit auch die von ihm verursachten externen Effekte; gleichzeitig werden Einnahmen durch die Gebühr erzielt. Die einzelnen Straßenbenutzer sind zunächst schlechter gestellt: einige werden durch die Gebühr vom Fahren abgeschreckt, die anderen haben höhere Fahrtkosten als zuvor. Von daher ist es von wesentlicher Bedeutung, dass die Gebühreneinnahmen in irgendeiner Form an die Straßenbenutzer zurückerstattet werden. O'Sullivan (2003, S. 263f.) geht in seinem Modell davon aus, dass die Einnahmen in gleichen Teilen auf alle Individuen verteilt werden, die vor Einführung der Gebühr die Straße benutzten. Hierdurch werden die meisten Individuen insgesamt besser gestellt als vor Einführung der Gebühr, außerdem übertrifft ihr Wohlfahrtsgewinn die Verluste der ‚Verlierer', die Gesamtwohlfahrt hat sich also erhöht. Dieser Nettogewinn entspricht dem Dreieck CDA in Abbildung 1, also der Summe der Differenzen von sozialen Grenzkosten und Grenznutzen zwischen altem und neuem Verkehrsvolumen.

Glaister und Graham (2004, S. 37ff.) empfehlen in ihrer Analyse, Autofahrer vor allem durch die Senkung fixer (und verglichen mit einer variablen Gebühr weniger effizienten) Steuern wie Kfz-Steuer und Benzinsteuer zu kompensieren, aber auch durch Investitionen in die Verkehrsinfrastruktur, solange diese ökonomisch sinnvoll sind. Außerdem weisen sie darauf hin, dass eine Straßenbenutzungsgebühr auch Auswirkungen über den Verkehrssektor hinaus hat.

> There might also be economic welfare benefits that go beyond the benefits arising purely in the transport sector. For example, the overall costs of living in a congested area [...] will be more closely matched by the costs the individuals that live there pay. Individuals can take economically more efficient decisions about where they live, where they locate their businesses, and so on. (Glaister & Graham 2004, S. 38)

Die Erhebung einer solchen Gebühr würde also im Endeffekt nicht nur eine Effizienzsteigerung für den Straßenverkehr, sondern für die gesamte Ökonomie einer Stadt bedeuten. Allerdings ist hierbei zu beachten, welchem Zweck die Gebühr primär dient (zum Beispiel maximale Reduktion des Verkehrs versus maximale Einnahmen) und wie die Umverteilung der erzielten Einnahmen auf verschiedene Personengruppen innerhalb der Volkswirtschaft erfolgt.

3.2. Wie sollte eine Gebühr implementiert werden?

Es bleibt also zu klären, nach welchem System und in welchem Umfang eine Gebühr erhoben werden sollte. O'Sullivan (2003, S. 264ff.) weist darauf hin, dass eine Gebühr in Zeit und Ort variabel sein muss, um effizient wirken zu können. Sie sollte daher auf besonders stark belasteten Straßen höher sein als auf weniger stark befahrenen sowie morgens und abends während des Berufsverkehrs höher als zu anderen Tageszeiten. Eine solche Straßenbenutzungsgebühr würde das Verkehrsvolumen demnach durch vier Effekte senken:

1. **Substitution:** Da Autofahren relativ teurer wird, werden einige Individuen auf öffentliche Verkehrsmittel umsteigen oder Fahrgemeinschaften bilden.
2. **Wahl der Fahrtzeit:** Da die Gebühr während der Hauptverkehrszeiten am höchsten ist, werden zeitlich flexible Individuen ihre Fahrten zu anderen Zeiten durchführen. So werden beispielsweise einige Firmen oder Arbeitnehmer mit flexiblen Arbeitszeiten ihre Arbeitsschichten ändern, um Fahrtkosten zu sparen.
3. **Fahrtroute:** Da die Gebühr auf den am stärksten befahrenen Strecken am höchsten ist, werden einige Individuen auf alternative Routen ausweichen.
4. **Wahl des Ortes:** Da die Gebühr die Fahrtkosten erhöht, werden einige Individuen ihre Fahrtstrecken verkürzen. Einige Arbeitnehmer werden näher an ihren Arbeitsplatz ziehen, andere sich Arbeitsplätze suchen, die näher an ihrem Wohnort liegen.

Darüber hinaus stellt sich die Frage, mit welcher Methode die Gebühren erhoben und die Einhaltung der Gebührenpflicht kontrolliert werden soll. Die verwendete Technologie darf zum einen nicht zu kostspielig sein, damit sie mindestens Nullgewinne erwirtschaftet, zum anderen muss sie schnell und einfach zu handhaben sein. O'Sullivan (2003, S. 266) empfiehlt, Autos mit Transpondern auszustatten, anhand derer sie durch Sensoren entlang der Straße identifiziert werden können. Glaister und Graham (2004, S. 123f.) gehen noch weiter und entwerfen ein ‚location-based services'-System, das in naher Zukunft vielfältigste Aufgaben wie Navigation, Überwachung von Tempolimits, das Managen von Verkehrsleitsystemen und eben die Erhebung von Gebühren übernehmen könnte. Ein solches System würde sowohl die Kosten senken, als auch die Effizienz des gesamten Verkehrsmanagements erhöhen.

4. Das London Congestion Charging Scheme

London ist die erste europäische Großstadt, die versucht, ihren innerstädtischen Straßenverkehr durch Gebühren zu regulieren. Ihr kommt daher ein besonderer Modellcharakter zu, was sowohl den messbaren Erfolg als auch die öffentliche Akzeptanz und politische Durchsetzbarkeit betrifft (vgl. Der Spiegel 2005, S. 85). Im Folgenden will ich zuerst die Funktionsweise des London Congestion Charging Scheme erläutern, um danach die bisherigen messbaren Auswirkung zu präsentieren.

4.1. Congestion Charge: Implementierung und Funktionsweise

Die Congestion Charge ist nicht der erste Versuch, die Verkehrsbelastung in London einzudämmen. Bereits Anfang der Siebziger stand die Einführung eines Mautsystems für London zur Debatte, dieser Vorschlag fand im damaligen Greater London Council jedoch keine Mehrheit, Stattdessen wurde auf eine verstärkte Förderung des ÖPNV gesetzt (Glaister & Graham 2004, S. 32). Anfang der 80er Jahre wurde beispielsweise das *fares fair*-Projekt initiiert, bei dem die Fahrpreise für Busse und Bahnen um 25% gesenkt wurden. Dies führte zwar zu einem Anstieg der Passagierzahlen, auf den Autoverkehr hatte es jedoch nur minimale Auswirkungen (Nissen 2002, S. 87).

Die entscheidende Wende in der Londoner Verkehrspolitik war die Einführung der Congestion Charge in Central London durch Bürgermeister Ken Livingstone am 17. Februar 2003. Seitdem müssen Autofahrer, die in den gebührenpflichtigen Zeiträumen in die so genannte Charging Zone fahren oder dort parken, £5 pro Tag zahlen. Die Gebührenpflicht gilt montags bis freitags von 07:00 bis 18:30 Uhr, öffentliche Feiertage ausgenommen (TfL 2005, S. 2). Abbildung 2 zeigt die Ausdehnung der Charging Zone. Sie umfasst 22 Quadratkilometer und beinhaltet die wichtigsten Regierungs-, Verwaltungs-, Wirtschafts-, Finanz- und Kulturzentren der Stadt. Die GLA plant derzeit, die Charging Zone nach Westen auszudehnen, um das Hauptgeschäftszentrum noch vollständiger zu umfassen. Diese Erweiterung würde frühestens Ende 2006 erfolgen (Mayor of London 2004, S. 15).

Neben der Standardgebühr von £5 pro Tag existieren einige Ausnahmen und Ermäßigungen (Mayor of London 2004, S.20ff.). Von der Gebühr ausgenommen sind Motorräder, Mopeds und Fahrräder, lizenzierte Taxis, lizenzierte Busse mit neun oder mehr Sitzen, sämtliche Notfallfahrzeuge (Notarzt, Feuerwehr, Polizei), Fahrer mit Schwerbehindertenausweis, Kranken- und Behindertentransporte, sowie bestimmte Dienstfahrzeuge der Regierung, der Stadtverwaltung und des Militärs. Fahrzeuge bestimmter Organisationen wie des National Health Service müssen zwar die Gebühr zahlen, erhalten für Dienstfahrten aber eine vollständige Rückerstattung. Darüber hinaus erhalten sämtliche Anwohner eine Ermäßigung von 90%.

Fahrer haben die Möglichkeit, die Gebühr für einen Tag, eine Woche, einen Monat oder ein Jahr im Voraus zu zahlen. Zahlungsmöglichkeiten bestehen an Tankstellen und Zeitungsläden, per Post, Telefon, SMS oder über das Internet. Zusammen mit der Zahlung wird das Nummernschild des betreffenden Fahrzeugs in einer Datenbank gespeichert. Ein System von Kameras an den Zugangsstraßen und innerhalb der Charging Zone erfasst die Nummernschilder sämtlicher Fahrzeuge und gleicht sie mit der Datenbank ab; parkende Fahrzeuge werden von Politessen kontrolliert. Fahrer, deren Fahrzeug nicht registriert ist, können die Gebühr bis Ende des betreffenden Tages zahlen, ansonsten muss ein Bußgeld von £100 gezahlt werden.

Als Begleitmaßnahme zur Congestion Charge wurden das Angebot des ÖPNV erweitert und soll über die kommenden Jahre noch weiter ausgebaut werden, um die gestiegene Nachfrage bedienen zu können (Mayor of London 2004, S. 23ff.). So wurden für den morgendlichen Berufsverkehr in der Innenstadt 11.000 zusätzliche Busplätze zur Verfügung gestellt, indem neue Linien eingerichtet wurden, die Fahrfrequenz erhöht wurde und größere Busse eingesetzt werden. Des Weiteren nennt die GLA in ihrer Verkehrsstrategie die Renovierung und Verbesserung des U-Bahn-Netzes, eine Verbesserung des Verkehrsmanagements, engere Zusammenarbeit mit den Stadtteilen und lokalen Initiativen und den Ausbau von Radwegen, bleibt allerdings undeutlich, was konkrete Maßnahmen und Zeitpläne betrifft.

Die GLA ist gesetzlich dazu verpflichtet, sämtliche Erlöse aus der Congestion Charge in die Verkehrsinfrastruktur des Großraums London zu reinvestieren (Mayor of London 2004, S. 31; Glaister & Graham 2004, S. 41). Diese ‚hypothecation' gilt für die ersten zehn Jahre nach Inkrafttreten der Congestion Charge, eine Verlängerung ist aber wahrscheinlich. Als kurzfristige Verwendungszwecke nennt die GLA vor allem den weiteren Ausbau des Busnetzes, die Verbesserung der Fahrpläne und des Fahrtarifsystems sowie die Ausbesserung von Rad- und Fußwegen. Langfristig sollen die Erlöse auch für größere Projekte wie die Erweiterung der U-Bahn- und Schienenkapazitäten, die Verbesserung des Straßennetzes oder den Bau der New Thames Gateway-Brücke.

4.2. Empirische Ergebnisse

Rund zwei Jahre nach Einführung der Congestion Charge hat Transport for London (2005a) eine ausführliche Bilanz der bisherigen Auswirkungen vorgelegt, die eindeutige Aussagen über den Erfolg oder Misserfolg des Londoner Systems ermöglichen. Im Folgenden ein Überblick über die wichtigsten Resultate.

Verkehrsentwicklung: Wie zu erwarten, hatte die Einführung der Congestion Charge erhebliche Auswirkungen auf die Zahl der Fahrzeuge, die zu den gebührenpflichtigen Tageszeiten in die Charging Zone fahren. Abbildung 3 zeigt die Veränderung des Verkehrsaufkommens nach Fahrzeugtyp. Die Zahl der privaten Pkw sank um rund 33% und liegt seitdem bei durchschnittlich 125.000 pro Tag während der Gebührenzeiten. Die Zahl der Lkw und Vans sank um 11%. Die Zahl der Taxis stieg deutlich um fast 20%, ebenso die der Busse mit rund 25%. Auch die Zahl der Motorräder und Fahrräder stieg um 12% bzw. 19% (TfL 2005b, S. 45f.). Es gibt also eine erkennbare Verschiebung von gebührenpflichtigen Fahrzeugen hin zu Gebührenfreien.

Verkehrsbelastung: Verkehrsstauungen innerhalb der Charging Zone haben sich seit Einführung der Gebühr um durchschnittlich 30% reduziert (Abbildung 4). Die durch Staus verursachte Wartezeit sank dabei von 2,3 Minuten pro Kilometer auf durchschnittlich 1,6 Minuten pro Kilometer (s. Abb. 4). Befürchtungen, die Congestion Charge könnte zu einem Verkehrsanstieg auf der Inner Ring Road und anderen Straßen in Nähe der Charging Zone führen, wurden nicht bestätigt. Tatsächlich ist der Verkehr auf diesen Straßen insgesamt sogar um 2% gesunken.

Öffentliche Verkehrsmittel: Die Zahl der Fahrgäste stieg bei Bussen um 50%, wobei die Passagierzahl pro Bus aufgrund der erhöhten Kapazitäten in etwa gleich blieb. Die durch Staus verursachten Verspätungen von Bussen sanken in und um der Charging Zone um

60%, in London insgesamt um 40%. Die Zahl der Fahrgäste in U-Bahnen sank in Central London um 8%, was von TfL auf die zeitweilige Schließung der Central Line im betrachteten Zeitraum, das verbesserte Busangebot und gesunkene Touristenzahlen zurückgeführt wird. Ein möglicher Zuwachs durch die Congestion Charge wurde deutlich überwogen. Die Zahl der Passagiere, die mit der Bahn (National Rail) nach Central London fahren stieg um 1% und blieb damit praktisch unverändert.

Soziale Auswirkungen: In Umfragen äußerten sich Anwohner im Wesentlichen positiv über die Auswirkungen der Congestion Charge. Vor allem der Rückgang der Staus und die Verbesserung des ÖPNVs werden positiv beurteilt. Eher kritisch beurteilt werden dagegen mögliche negative Auswirkungen auf die lokale Wirtschaft und damit auf die Beschäftigung. In einigen angrenzenden Stadtteilen gibt es zudem Klagen über vermehrtes Parken ‚fremder' Fahrzeuge. Die Mehrheit der Befragten hält die Gebühr für erschwinglich, rund ein Viertel der Befragten hatte Schwierigkeiten die Summe aufzubringen, wobei sich die Aussagen deutlich nach sozioökonomischen Gruppen unterscheiden. Hinsichtlich des Fahrverhaltens gibt es deutliche Unterschiede. Während Anwohner ihr Fahrverhalten kaum geändert haben, haben die Bewohner Inner Londons ihre Autofahrten in die Charging Zone um insgesamt 13% reduziert. Von den Befragten aus Outer London gab die Hälfte an, ihr Fahrverhalten (Route und Fahrtzeit) aufgrund der Gebühr geändert zu haben.

Wirtschaftliche Auswirkungen: Es gibt keine Hinweise darauf, dass die Congestion Charge negative Auswirkungen auf die Wirtschaftslage innerhalb der Charging Zone hat. Zwar gingen die Einzelhandelsverkäufe an Wochenenden um 10% und an Werktagen um 3% zurück, doch da die Gebührenpflicht an Wochenenden nicht gilt, kann dieser Rückgang nicht auf die Congestion Charge zurückgeführt werden, außerdem ist ein ähnlicher Rückgang in diesem Zeitraum auch für das übrige London zu beobachten. Auch auf die Anzahl der Firmen und Geschäfte in Central London scheint die Gebühr keinen erkennbaren Einfluss zu haben. Die Zahl der Unternehmen ging zwar leicht zurück, jedoch setzte dieser Trend schon vor Einführung der Gebühr ein und ist äquivalent zum übrigen London.

Luftqualität: Die Veränderungen im Straßenverkehr (Volumen, Anteil der Fahrzeugtypen, Geschwindigkeit) haben zu einem Rückgang der Schadstoffemissionen von 12% innerhalb der Charging Zone geführt. Dieser Wert wurde allerdings aus den Schadstoffmessungen errechnet; ein direkter Einfluss der Congestion Charge auf Schadstoffemissionen ist aufgrund starker externer Einflüsse bislang nicht nachweisbar.

Wirtschaftlichkeit: Die GLA erwartet für die Jahre nach 2004/05 Bruttoeinnahmen von £160 bis 180 Millionen und Nettoeinnahmen von £80 bis 90 Millionen pro Jahr durch die Congestion Charge. Bei der geplanten Erweiterung der Charging Zone würden die Nettoeinnahmen bei £90 bis 100 Millionen liegen (Mayor of London 2004, S. 16). Die durch den verbesserten Verkehr (kürzere Fahrzeiten, weniger Unfälle, Energieeinsparungen usw.) entstanden Gewinne werden auf £150 bis 210 Millionen pro Jahr geschätzt (Mayor of London 2004, S. 9).

5. Bewertung / Fazit

Zusammenfassend lässt sich sagen, dass die Londoner Congestion Charge die in sie gesetzten Erwartungen erfüllt oder sogar übertroffen hat. Das vornehmliche Ziel, die Reduktion des Stauaufkommens, wurde mit einer Verminderung von 30% klar erreicht, die Steigerung der Passagierzahlen im ÖPNV von bis zu 50% kann ebenso als voller Erfolg bezeichnet werden. Die öffentliche Akzeptanz der Gebühr hat sich angesichts dieser Erfolge mittlerweile ebenfalls eingestellt. Die Reduktion der Schadstoffemissionen fällt relativ gering aus, gehörte aber auch nicht zu den vorrangigen Zielen der Gebühr. Auch Glaister und Graham führen das Londoner Modell als prinzipiell positives Beispiel einer Straßenbenutzungsgebühr an.

> It has demonstrated to the general public and to politicians that charging for the use of roads is a practical policy that can make a real difference to behaviour and to congestion levels. It can make a real improvement to the level of service enjoyed by remaining road users, in particular bus and taxi users, and by pedestrians. (Glaister & Graham 2004, S. 40)

Die vier von O'Sullivan genannten Effekte einer Gebühr kommen in London unterschiedlich stark zum Tragen. Der Verkehr in London hat vor allem durch die Substitution von privaten Pkw durch öffentliche Verkehrsmittel abgenommen, eine wesentliche Veränderung im zeitlichen Fahrverhalten oder eine Zunahme des Ausweichverkehrs ist nicht oder kaum bemerkbar. Ob die Congestion Charge Auswirkungen auf die Wohn- und Arbeitsmärkte hat bleibt langfristig abzuwarten.

Die Festsetzung der gebührenpflichtigen Zeiträume entspricht in etwa O'Sullivans Forderung, die Höhe Gebühr nach dem Verkehrsaufkommen zu richten, allerdings richtet sich die Congestion Charge nicht nach der tatsächlichen aktuellen Verkehrsbelastung. Auch räumlich gesehen ist die Congestion Charge nicht variabel, allerdings ist fraglich ob sich in einem relativ kleinen Gebiet wie der Londoner Charging Zone angesichts der schwierigen technischen Umsetzbarkeit überhaupt lohnenswert wäre.

Die gesetzliche Verpflichtung, sämtliche Einnahmen aus der Congestion Charge in die Londoner Verkehrsinfrastruktur zu reinvestieren, entspricht prinzipiell der Forderung O'Sullivans sowie Glaisters und Grahams, die Gebührenzahler mit den Erlösen der

Gebühr zu kompensieren. Allerdings kritisieren letztere, dass die reine Beschränkung auf den Verkehrssektor zu einer Überinvestition in öffentliche Verkehrsprojekte führen kann, die keine adäquaten Erlöse generieren (Glaister & Graham 2004, S. 37). Dennoch lässt sich festhalten, dass gesamtwohlfahrtliche Gewinne schon allein durch die Verminderung der Verkehrsbelastung gegeben sind.

Aus diesem Grunde sind Straßenbenutzungsgebühren auch über London hinaus ein relevantes Thema. Die Einsicht, dass solche Gebühren eine effektive Maßnahme zu Lösung von Verkehrsproblemen ist, setzt sich derzeit auch in anderen europäischen Großstädten durch, so plant zum Beispiel Stockholm die Einführung einer ähnlichen Gebühr (Ertel 2005, S. 85). Ob das System der Londoner Congestion Charge ein lohnenswertes Modell für andere Großstädte darstellt bleibt jedoch abzuwarten. Trotz der Nettogewinne stellen die nach wie vor hohen Betriebskosten des Londoner Systems ein Hindernis für seine Adaption in anderen Städten dar (Glaister & Graham 2004, S.49). Es müssten daher Wege gefunden werden, diese Kosten zu senken, damit sich Mautsysteme auch in weniger stark belasteten Städten als London rentieren. TfL prüft daher derzeit Möglichkeiten, die Gebührenerhebung in Zukunft mittels GPS-Systemen oder Mikrowellen („tag & beacon“) kostengünstiger durchzuführen (Mayor of London 2004, S. 13).

Langfristig stellt sich zudem die Frage, ob die Einführung einer allgemeinen Gebührenpflicht über die Stadtgrenzen hinaus nicht ebenfalls angebracht ist. O'Sullivan und Glaister und Graham gehen in ihren Modellen von vornherein von einer Gebührenpflicht für alle größeren Straßen aus. Das House of Commons Transport Committee, der Verkehrsausschuss des britischen Parlaments, kommt in seiner jüngsten Studie zu dem Schluss, dass die Einführung von landesweiten Straßenbenutzungsgebühren angesichts eines erwarteten Verkehrsanstiegs in Großbritannien von 30% bis 2015 der einzig sinnvolle Weg ist: „Road pricing is the single measure with the most potential to tackle congestion.“ (Transport Committee 2005, S. 44) Die Einführung der Autobahngebühr für die M6 nahe Birmingham (Transport committee 2005, S.33ff.) könnte bereits ein erster Schritt in diese Richtung sein. Wann ein solches System jedoch tatsächlich eingeführt wird bleibt abzuwarten. Flächendeckende Straßenbenutzungsgebühren haben zweifellos das Potential, Verkehrbelastung zu vermindern und den Verkehrsfluss zu optimieren, doch bis zu ihrer Einführung müssten noch zahlreiche technische, politische und ökonomische Hindernisse beseitigt werden.

6. Bibliografie

Ertel, Manfred. (2005). „Dicke Luft und volle Kassen – Wie Europas Metropolen auf die zunehmende Umweltbelastung reagieren". *Der Spiegel* 14/2005, 84-85.

Glaister, Stephen & Graham, Daniel. (2004). *Pricing Our Roads: Vision and Reality*. London: The Institute of Economic Affairs.

House of Commons Transport Committee. (2005). "Road Pricing: The Next Steps". http://www.publications.parliament.uk/pa/cm/cmtran.htm. London: The House of Commons. (03.04.2005).

Mayor of London. (2004). "The Mayor's Transport Strategy Revision". http://www.london.gov.uk/mayor/congest/pdf/transportstrategyrevision.pdf. London: Greater London Authority. (12.03.2005).

Nissen, Sylke. (2002). *Die regierbare Stadt: Metropolenpolitik als Konstruktion lösbarer Probleme; New York, London und Berlin im Vergleich*. Wiesbaden: Westdeutscher Verlag.

O'Sullivan, Arthur. ([5]2003). *Urban Economics*. Boston: McGraw-Hill/Irwin.

Transport for London. (2005a). "Central London Congestion Charging Scheme Impacts Monitoring Report: January 2005". http://www.tfl.gov.uk/tfl/cclondon/cc_intro.shtml. London: Transport for London. (23.03.2005).

Transport for London. (2005b). „London Travel Report 2004". www.tfl.gov.uk/tfl/pdfdocs/ ltr/london-travel-report-2004.pdf. London: Transport for London. (23.03.2005).

7. Abbildungen

Abb. 1: Wirkung einer Straßenbenutzungsgebühr

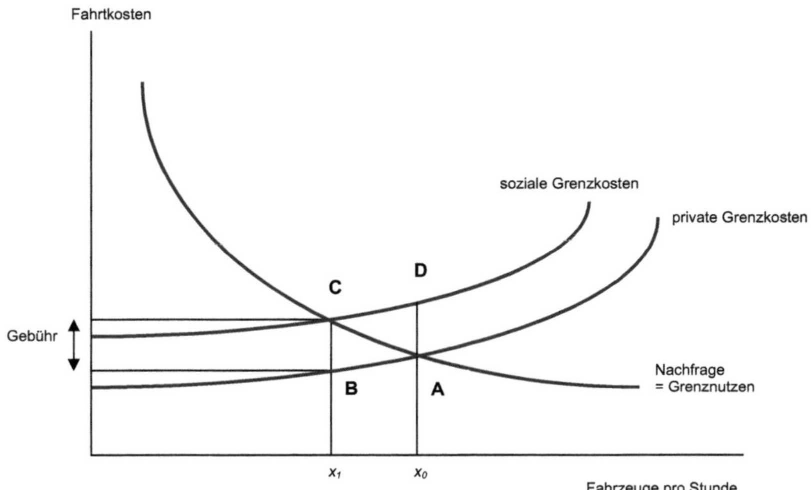

Quelle: Eigene Anfertigung nach Glaister & Graham 2004, S. 34; O'Sullivan 2003, S. 159

Abb. 2: Zone mit Straßenbenutzungsgebühren in Central London

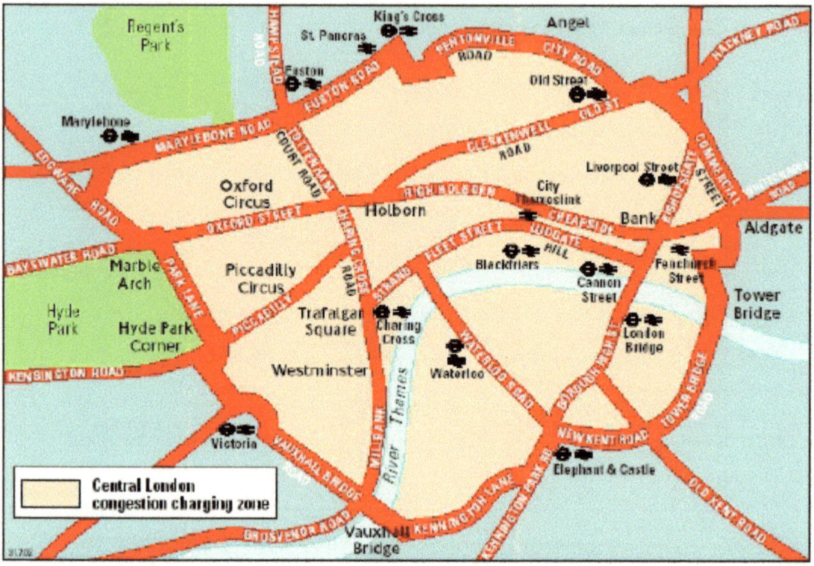

Quelle: TfL 2005a, S. 2

Abb. 3: Verkehr, der während der gebührenpflichtigen Zeiten in die Charging Zone fährt

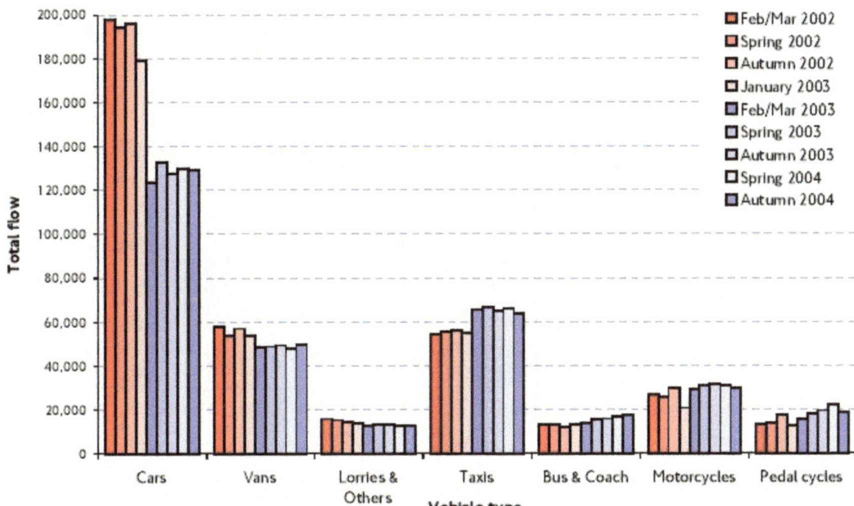

Quelle: TfL 2005a, S. 8

Abb. 4: Verkehrsbehinderung in der Charging Zone in der gebührenpflichtigen Tageszeit

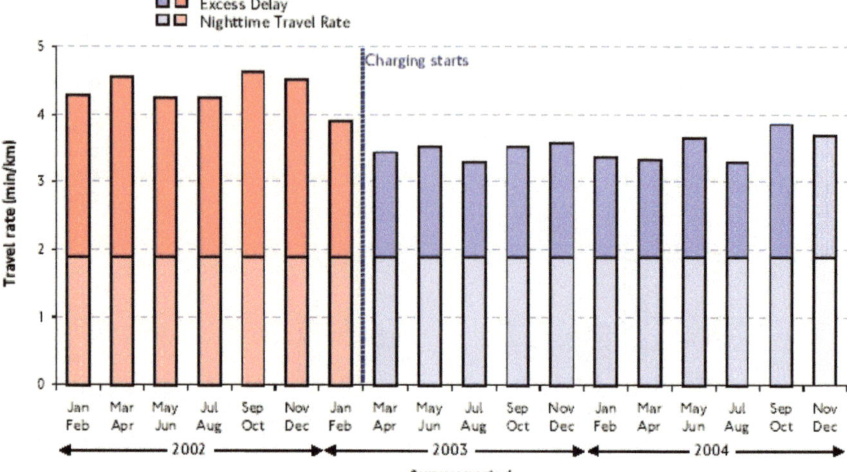

Quelle: TfL 2005a, S. 7